INVENTAIRE
Y^2 15,436

FLEUR DES CHAMPS

IDYLLE,

ÉMILE LAROCHE.

PRIX : 60 CENTIMES.

Paris,
[illegible]LLIER-DUFAYEL, ÉDITEUR
Rue de la Chaussée-d'Antin, 26.
1854.

Y2

LA FLEUR DES CHAMPS.

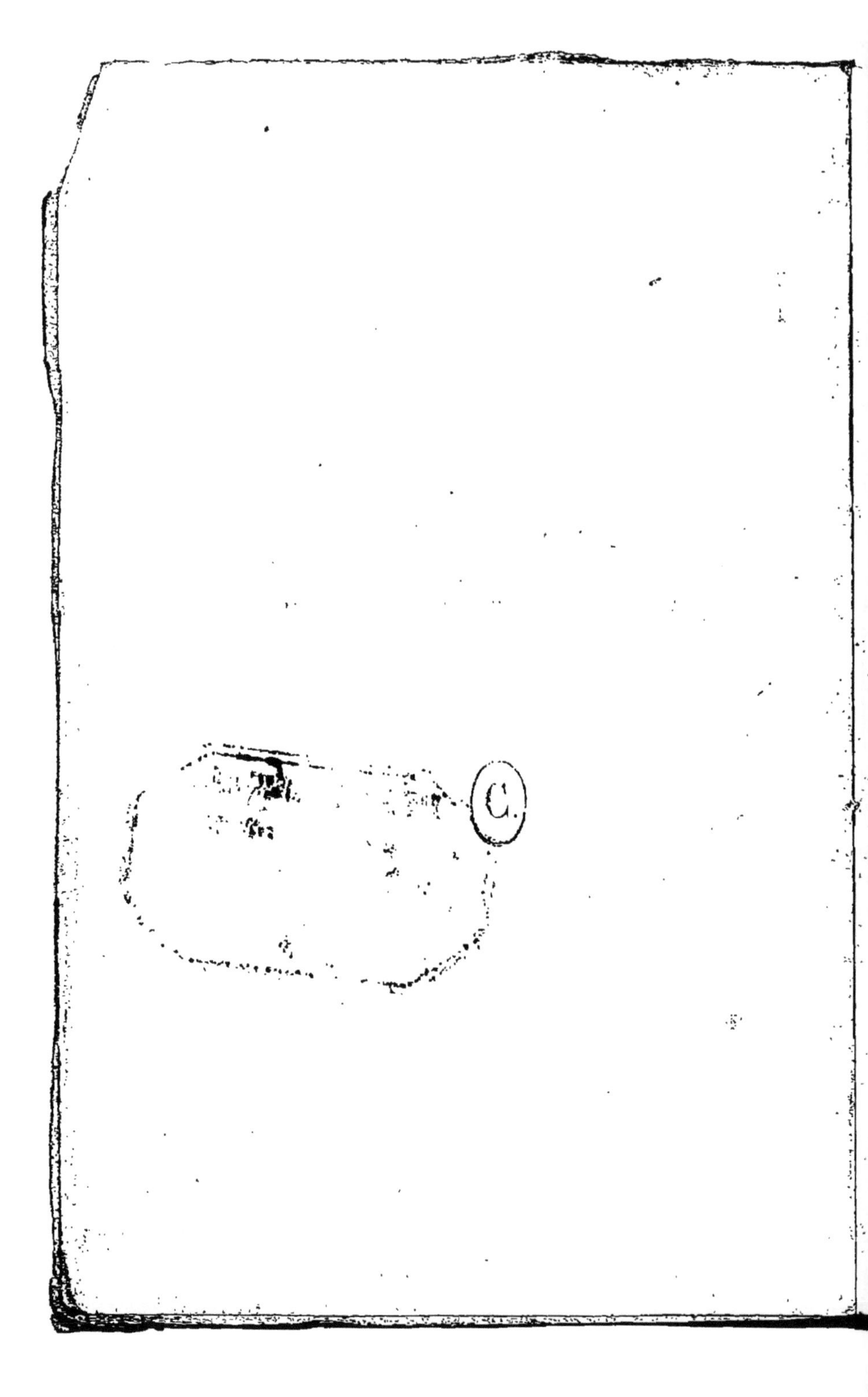

LA

FLEUR DES CHAMPS,

BLUETTE,

PAR

EMILE BADOCHE.

BIBLIOTHÈQUE IMPÉRIALE
IMPR.

PRIX : 60 CENTIMES.

DÉPOT LÉGAL.
PUY-DE-DÔME.
N°. 58
1854.

Paris,
CELLIER-DUFAYEL, ÉDITEUR,
Rue de la Chaussée-d'Antin, 26.
1854.

1436

I.

BEAUTÉS DU CORPS.

LA FLEUR DES CHAMPS.

I.

BEAUTÉS DU CORPS.

C'est tout un roman, et pourtant c'est une simple histoire; mais l'histoire s'appelle roman, toutes les fois qu'elle se dépouille des petites misères humaines pour se revêtir d'un sentiment noble et généreux, qu'elle pousse jusqu'à la fièvre de l'exaltation.

Deux dots se conviennent : l'une représente un jeune avocat qui finit son stage à Paris, où les bals, les fêtes, les plaisirs, le goût de la société et l'élégance se disputent sa vie ; l'autre représente une jeune fille élevée dans un obscur pensionnat de la province, n'ayant aperçu que quelques gravures de modes ; son éducation est sévère, ses jours de sortie n'ont été occupés qu'à aider sa mère dans son ménage ; elle ignore Meyerbeer en musique, Hugo en littérature, Pradier en statuaire, Delacroix en peinture.

Les représentants de chaque dot se rassemblent : l'un sait qu'il va palper une somme assez ronde, qui lui permettra de s'habiller chez Humann, d'avoir une voiture à son goût, et enfin une femme *dont on ne dit rien;* l'autre s'incline devant la volonté paternelle, et pense peut-être aux soins dont elle va entourer son maître et seigneur.

Tout le monde sait le reste. Au bout de quatre ou six ans, monsieur et madame font retentir les tribunaux d'un procès en séparation, où des avocats fort habiles prouvent clairement, l'un après l'autre, que son client est innocent, et que l'autre doit être envoyé au bagne... ou tout au moins payer pension..

C'est le cas le plus rare; le plus commun le voici : monsieur et madame vivent en parfaite intelligence; au bout de quatre ou cinq ans de mariage, on dit bien que monsieur est infidèle... mais, bah! on assure que madame le lui rend bien. Voilà de l'histoire.

Maintenant, supposez que madame, au lieu de le rendre à monsieur, se soit éprise d'un amour violent pour lui, que la jalousie d'abord, le désespoir ensuite, poussent madame au cercueil. Voilà du roman!!!

En 1850, j'habitais près de la fontaine Molière; j'allais religieusement passer une heure ou deux de chaque jour chez un peintre de mes amis, qui habitait rue Larochefoucauld, et dont le nom appartiendra un jour à l'histoire, non comme ceux des Horace Vernet, des Ingres, mais comme ceux des Téniers ou des Watteau.

C'était le 1er du mois de mai. En traversant vers le haut du boulevard des Italiens, j'aperçus un petit arbre rabougri qui semblait, avec ses pousses honteuses, être planté juste là pour faire prendre la nature en horreur, et bien prouver qu'à Paris tout est faux, depuis le visage des femmes, depuis la parole des hommes, jusqu'à la sève des arbres.

Je montai silencieusement chez mon ami... Adrien, si ce nom vous plaît.

J'entrai; j'embrassai amicalement une charmante petite femme qui était, sur un sopha, occupée à déchiffrer *les Feuilles mortes*, romance alors fort en vogue.

— Comme c'est de circonstance! m'écriai-je.

— Tu ne trouves jamais rien de circonstance, me dit-elle d'un petit air piqué; mais, en échange, tu trouves toujours le moyen d'oublier de m'apporter des violettes... je les aime tant...

— Que veux-tu, Lucie, les arbres des boulevards m'ont fait prendre les fleurs en aversion.

— Quelle idée! ajouta-t-elle.

Inutile de dire qu'Adrien, tout entier à son travail, paraissait fort indifférent à notre conversation.

Je pris place dans un coin du sopha, je contemplai ce charmant couple plongé chacun dans l'étude de son art. Tout-à-coup Adrien posa son pinceau et dit tout en lui-même :

— Les arbres et les fleurs !... Ne viens-tu pas de dire que tu avais les arbres et les fleurs en aversion?

— En horreur, mon cher... en horreur...

— Permets-moi de te dire que je ne te comprends pas... Ce matin, je me suis rappelé avec bonheur... moi, pauvre enfant de Paris... une causerie intime que nous eûmes ensemble dans une de nos promenades aux Champs-Élysées. J'admirais les équipages princiers qui se croisaient, et je te disais : Voilà le bonheur... le bonheur! Tu me répondis : Pour toi, le bonheur est dans la richesse. Seras-tu heureux un jour? Je te le souhaite. Quant à moi, mon bonheur, je le savoure tous les ans à la même époque... — Comme tu es de Paris, ajoutais-tu, si tu avais comme moi vécu à la campagne, si tu avais senti l'odeur de ces mille fleurs des champs; — si, au mois de mai, tu avais gravi une des montagnes de notre Bourbonnais; que, de là, découvrant tout le bassin de l'Allier, apercevant le Puy-de-Dôme qui apparaît découpé dans l'azur, les chaînes des montagnes du Mont-Dore, qui se voilent au fur et à mesure qu'elles se perdent à l'horizon; si tu avais entendu les oiseaux qui chantent et s'ébattent au-dessus de ta tête; si tu avais vu les plantes qui sortent de terre, frêles et délicates, aux premiers rayons de ce soleil régénérateur; — oh! mon ami, me disais-tu, si tu avais vu cette imposante nature, où le nom de l'auteur est signé en lettres inaltérables, ce silence sublime que rien ne trouble, cet homme qui s'avance lentement, et que vous apercevez perdu sur les flancs de cette montagne, comme une mouche sur les tours de Notre-Dame..... ah! mon ami, si tu avais vu ces beautés, senti ces parfums, admiré cette sublime nature,... ton bonheur, tu ne le chercherais plus dans la richesse... Tu dirais chaque année, vers la fin du mois de mai : Mon Dieu, que vous êtes grand! que les hommes doivent être méprisables, indignes de vos regards! — Mon Dieu, permettez-moi de vous remercier de ce que j'éprouve en admirant votre sublime ouvrage. Oh! la nature, les fleurs et les arbres, que c'est beau! que c'est sublime! que c'est digne de vous!

Voilà ce que tu me disais, il y a six mois. Aujourd'hui, tu as la nature en horreur?

— Cela se comprend, mon cher ami: il y a six mois, les arbres du boulevard des Italiens semblaient être des piquets posés là pour soutenir les fils du télégraphe électrique. Aujourd'hui, il n'y a pas à s'y tromper: avec leurs petits bourgeons, ils ont la fatuité et la prétention de vouloir ressembler à de véritables arbres.

— Nous y sommes, au mois de mai, et si tu voulais t'assurer que je n'ai pas menti, j'irais avec toi passer quinze jours en pleine campagne, avec un cha-

BIBLIOTHÈQUE IMPÉRIALE IMPR.

peau de paille, des guêtres et une blouse.

— Ah! si je le pouvais... et Lucie?...

— Moi, dit Lucie, au diable mon directeur; s'il veut me faire un procès, il enverra les agents de police me chercher.

— Oui, mais tu perdras peut-être ta place.

— J'en trouverai une autre... bah! Moi, je tiens à savoir si tout ce qu'on dit de la campagne est vrai, s'il y a des ruisseaux, des vaches qui ont du lait, des tapis de verdure, des rochers... Moi, je veux voir cela... en rrroute.

— Et ma *Suzanne sortant du bain ?* dit Adrien.

— Elle est finie.

— Non, j'ai les épaules à retoucher.

— Combien te faut-il de temps?

— Deux jours.

— Aujourd'hui et demain, après-demain, à huit heures précises, départ pour la campagne, ajouta Lucie avec volubilité.

— Où allons-nous?

— En Auvergne.

— Ah! dit Lucie, je ne vais pas en Auvergne; je me trompe peut-être, mais dans ce pays il ne doit y avoir que des chaudronniers, des porteurs d'eau et des ramoneurs. A bas l'Auvergne!... Allons en Suisse, dans un chalet.

— C'est trop loin, allons en Bourbonnais, dit Adrien.

— Va pour le Bourbonnais, m'écriai-je; je vous conduis à quinze lieues au-dessus de Moulins; vous verrez le tableau dont je vous ai parlé : l'Allier, le Puy-de-Dôme, le mont-Dore et...

— Oui, oui, interrompit Lucie, allons voir tout ça... mais pas d'Auvergne... Nous leur chanterons *la Boulangère a des écus qui ne lui...* ou bien *les Feuilles mortes* ; tu m'accompagneras, toi...

— Avec quoi ?

— Tu es toujours embarrassé.

— Ce n'est pas tout ça, dis-je ; et les fonds, où en sont-ils ?

— Ah ! dit Adrien, j'ai touché ce matin six cents francs.

— Moi, dit Lucie, je vais trouver mon directeur et le prier de m'avancer trois mois ; total, quatre cent cinquante francs.

— Oui, et quand nous serons de retour ? dit Adrien.

— Eh bien ! nous économiserons, fit Lucie.

— Oui; mais avec quoi mangerons-nous?

— Avec une fourchette.

— C'est drôle... mais pas rassurant.

— Ecoutez! dis-je en les interrompant; venez-vous à la campagne pour jouir du bonheur qu'elle procure, ou venez-vous vous distraire des plaisirs de Paris par des plaisirs plus bruyants encore?

— Non, dit Adrien; nous allons, te dis-je, voir le tableau dont tu nous as parlé.

— Eh bien! si c'est en touristes, en

paysans, que nous allons en Bourbonnais, Adrien et moi nous allons mettre chacun deux cents francs à la masse, et tous trois nous passerons merveilleusement notre mois. Je me charge de tout. Vous, Lucie, vous n'avez besoin de vous occuper de rien.

— Accepté à l'unanimité, fit Lucie.

— C'est décidé, dit Adrien; je retouche les épaules de ma *Suzanne* aujourd'hui et demain; après-demain, deuxième classe, chemin de fer d'Orléans!

— A après-demain matin, dis-je à Adrien et à Lucie.

Ils me serrèrent affectueusement la main et je partis.

Le lendemain, je mis dans une malle mes habits les plus communs, je pris tout ce que je pensai pouvoir m'être utile dans mon voyage. A deux heures je n'avais plus rien à faire. Je tombai en admiration devant mon activité ; mais je ne tardai pas à m'inquiéter de l'emploi que je pourrais bien faire du reste de ma journée.

— Bah ! me dis-je, je vais chez mes compagnons de voyage.

Quelques minutes après, j'entrais chez Adrien ; il retouchait les épaules de sa *Chaste Suzanne*. Lucie, à six pas de lui, à moitié nue, servait de modèle.

Jamais de ma vie je n'avais vu un aussi admirable torse! Quelle grâce! quelle fraîcheur! quelle sublime nature! Que de vie! que de finesse! C'était l'idéal de la perfection des formes humaines.

Mon enthousiasme, en admirant ces formes suaves, tenait du délire, et pourtant je dois avouer que, tout entier à l'art, mes idées se détachèrent de ce tableau divin sans avoir été troublées par un désir impur.

Adrien avait terminé son tableau et

essuyait ses pinceaux. Lucie refaisait sa toilette.

— Oh ! mon ami, dis-je à Adrien, quel trésor tu as là ! quelle céleste créature !

— C'est vrai, me répondit-il ; jamais je n'ai rencontré un modèle aussi parfait ; mais, hélas ! il n'y a pas de ça, ajouta-t-il tout bas, en posant la main sur son cœur.

II.

BEAUTÉS DE L'AME.

II.

BEAUTÉS DE L'AME.

Il y avait déjà huit jours qu'Adrien, Lucie et moi habitions une charmante maisonnette au rez-de-chaussée, placée dans le plus joli village du monde, sur la limite de l'Auvergne et du Bourbonnais. Ce village inconnu, qui a nom Saint-Yore, a bien les eaux minérales naturelles les plus bienfaisantes que j'aie connues.

Comme tous trois nous revenions à la vie! Quelle charmante existence!

On se levait de bonne heure. Lucie, rose et fraîche, saisissait une ligne et courait à vingt-cinq pas tendre des amorces aux poissons de la charmante rivière de l'Allier. Là, l'œil attentif, elle surveillait les moindres petites rides que faisait l'eau, quand le bouchon s'agitait, et avec une grâce sans coquetterie, une joie enfantine, à chaque poisson qu'elle prenait, elle accourait à nous la figure épanouie de bonheur.

Adrien et moi nous explorions le pays. Au bout de huit jours, nous l'avions parcouru à cinq ou six lieues à la ronde.

Quand nous allions trop loin pour que Lucie pût nous suivre, elle causait amicalement avec les femmes du village, qui ne l'appelaient plus que la *petite Parisienne.*

A notre retour, Lucie, heureuse, sautait de joie; elle disait : Demain, je vous accompagne, n'importe où vous irez. — Le lendemain, elle venait à une lieue du village ; mais, bien vite fatiguée, elle revenait en cueillant toutes les fleurs qu'elle rencontrait sur sa route.

Un soir, Adrien me dit : Ce n'est pas quinze jours que nous resterons dans ce charmant pays, c'est un mois, deux mois, si tu veux.

— Assurément, je resterai bien pendant tous les beaux jours, répondis-je.

— Oh ! oui, ajouta Lucie, retournons à Paris le plus tard possible. On est si heureux ici.

— Mais il faut travailler, dit Adrien ; demain, je déroule mes toiles, je prépare mes pinceaux, et je sacrifie six heures de mes belles journées à ma peinture.

La vie s'enfuyait ainsi, douce et calme, sans soucis, sans remords. Cependant, un soir, je remarquai que Lucie avait l'air triste. — Ce n'était ni de cette tristesse qui nous rend insupportables aux autres, ni de celle que l'on s'efforce de cacher dans des éclats de rire bruyants. La tristesse de Lucie paraissait profonde et réfléchie. Adrien, qui pourtant s'occupait fort peu de sa maîtresse, avait remarqué comme moi l'air triste et esseulé de Lucie.

— Ma foi, me dit-il, peut-être s'ennuie-t-elle. Je lui dirai que, si elle veut retourner à Paris, elle n'ait pas à se gêner.

Phrase qui résumait l'amour que les deux amants semblaient avoir l'un pour l'autre!!!...

C'était un beau dimanche ; d'accortes paysannes du village de Saint-Yore parcouraient les sentiers qui longent la rive droite de l'Allier, et accouraient, se pressant sous la voûte d'une petite église gothique fraîchement blanchie à la chaux. Elles écoutaient avec un pieux recueillement la parole pleine de foi de M. le curé... de M. le curé... car au village personne ne l'appelait autrement.

Depuis longtemps nous avions déjeûné, et nous passions devant la porte de l'église, au moment où la cloche s'agita pour annoncer la fin des prières.

— Voyons sortir ces bons paysans, me dit Adrien.

Nous nous arrêtâmes sous un gros arbre qui était au milieu de la place, et nous nous assîmes sur un petit banc rond qui entourait le tronc de ce vieux platane.

Quelle ne fut pas notre surprise, en reconnaissant dans le premier groupe des fidèles qui sortaient de l'église, Lucie!... Lucie!... Lucie, la fille folle!... Lucie, la maîtresse d'Adrien!... Lucie, la *petite Parisienne!*... Lucie, l'actrice! Celle qui avait débuté à l'âge de treize à quatorze ans dans des ateliers de peintres qui, sans souci de la pudeur, lui faisaient prendre une attitude différente, selon que leur pinceau retraçait une Vierge ou une Vénus!... Lucie!...

— Quelle idée de folle! s'écria Adrien. Son recueillement était si vrai, sa figure paraissait éclairée d'une si pure joie, que j'en étais attendri.

— Adrien, dis-je un instant après à mon ami, ne nous montrons pas à Lucie, peut-être lui ferions-nous de la peine.

Tous les paysans et les paysannes s'écartaient pour faire place à la *petite Parisienne* qui, si douce et si gracieuse, s'envola du côté de notre petite maisonnette.

Nous la suivîmes et ne tardâmes point à la rejoindre.

— Ah! dit Adrien en jouant l'étonnement, tu es ici; voilà deux heures que nous te cherchons; d'où viens-tu donc?

— Oh! mon ami, répondit Lucie en rougissant un peu, je viens des bords de l'Allier... Que c'est beau! mon Adrien... que je suis heureuse!

— Je t'en prie, pas un mot de plus, Adrien, dis-je tout bas sans que Lucie s'en fût aperçue.

. . . .

— Ah! fit-il alors de l'air le plus indifférent.

Il se mit aussitôt à travailler, pas cependant avant de m'avoir regardé d'un certain air de pitié, accompagné d'un sourire moqueur et d'un haussement d'épaules; il comprenait que j'avais tout un projet, mais sans vouloir le contrarier il ne paraissait pas l'admettre.

Le mardi suivant, nous revenions de visiter les ruines de l'antique château du Chaussin. La faim nous stimulait vivement; il était six heures du soir, et dès les huit heures du matin, nous étions partis après avoir à peine pris le temps de déjeûner.

En entrant, je demandai Lucie. Elle était absente.

—Parbleu! me dit Adrien, elle est

ou sur les bords de l'Allier, ou à l'église.

Je me mis aussitôt à sa recherche.

Depuis sa tristesse venue tout à coup, depuis sa sortie de l'église, je soupçonnai quelque chose ; mais je ne m'arrêtai à aucun de mes pressentiments.

J'aperçus Lucie appuyée contre un arbre, embrassant de son regard l'étendue qui se déroulait devant elle.

Je m'approchai en comprimant mon souffle, en éteignant le bruit de mes pas... Depuis quelques instants déjà j'étais près d'elle, et je ne lui avais entendu prononcer que le nom de Dieu, et des sanglots sortaient de sa poitrine pour aller se mêler au murmure des eaux de l'Allier.

— Lucie... tu pleures, dis-je en m'approchant. Permets à un ami de venir sécher tes belles larmes. Laisse-moi te consoler, Lucie.

Elle me regarda comme effrayée. La surprise, et peut-être la contrariété qu'elle éprouvait en me voyant devant elle dans un moment pareil, bouleversait tous les traits si purs de sa physionomie.

— Oh! méchant.... oh! cruel.... dit-elle au bout d'un instant.

Ses regards avaient la fixité de la folie.

—Voyons, Lucie, ajoutai-je en essayant de lui prendre les deux mains... tu ne m'entends donc pas?... Je suis ton ami, le frère de ton amant....

—Non, non, laisse-moi... Oh! que je suis malheureuse, mon Dieu!!!

Un torrent de larmes s'échappa de sa poitrine, et d'autant plus violemment qu'il avait été longtemps comprimé.

Je la laissai toute à la douleur qu'elle semblait ressentir, je ne doutai pas qu'après ces sanglots, — qui n'étaient autre chose qu'un soulagement à ses organes trop stimulés par la pensée, — peu à peu ses idées deviendraient plus saines et plus calmes, et qu'assurément je l'amènerais à la confidence que je désirais depuis longtemps.

En effet, quelques minutes après, elle s'essuya les yeux et me dit :

— Marchons, Adrien serait peut-être inquiet.

— Lucie, tu n'as donc pas entendu ma prière ; je veux, entends-tu bien ? que tu me dises ce qui te fait pleurer. Ne suis-je donc pas ton ami... vilaine ?..

— Oh ! si tu es mon ami, reprit-elle,

ne me demande pas de te dire ce que j'éprouve, ce que je ressens depuis que j'ai quitté Paris... Je puis t'assurer que je n'oublierai jamais que le seul bonheur que moi, pauvre fille, j'ai éprouvé, je le dois à toi, qui m'as conduite dans ce beau pays.

— Lucie!... Lucie!... veux-tu me forcer de comprendre sans que tu m'expliques rien?

— Devine, mon ami, si tu peux, car, je te le répète, je ne te dirai rien.

— Ecoute, Lucie, je vais te prouver que j'ai deviné juste. Tu es triste, tu pleures, tu vas à l'église, parce tu n'aimes pas Adrien, parce que Paris et ses orgies te manquent, et...

— Assez, assez, fit-elle en m'interrompant; tes paroles m'offensent, elles sont menteuses, crois-moi.

— Que je te croie, Lucie? Tu veux que j'aie confiance en toi, quand cette même confiance que je te demande tu me la refuses?

— C'est qu'il est des choses, ami, que vous autres hommes vous ne sauriez comprendre; c'est qu'il existe des aveux que l'on ose à peine se faire à soi-même; c'est que l'âme a des douleurs que personne ne comprend.

— Oh! ne dis pas ça, Lucie, tu sais que moi-même j'ai assez souffert pour comprendre les douleurs des autres... En grâce, donne-moi ton secret; car, enfant, je suis déjà sûr de le connaître, et si je te le demande, ce n'est que pour t'aider de mes conseils.

— Ami, me dit-elle en me serrant les mains, je le veux bien, tu sauras tout, même ce que tu n'as pu deviner. Entends-moi donc. Comme tu viens de le dire, tu m'aideras... j'en ai bien besoin.

— Mais c'est toute une histoire, reprit Lucie au bout d'un instant... Tu voulais m'entendre, je crains que tu n'en aies plus le courage.

— Ma bonne Lucie.... j'aurai le courage de tout ce que je croirai nécessaire à ton bonheur.

— Tu sais, ami, me dit-elle, que je suis une de ces pauvres créatures sans naissance, sans fortune, fruit amer d'une liaison illégitime. Ce fut une femme qui veilla sur mon enfance.... Etait-ce ma mère?... Je l'ignore....-je souhaite que non. A l'âge de treize ans, j'étais l'instrument de fortune de cette femme... elle m'employait à tout. J'avais des formes comme la *Vénus de*

Milo, et tous les jours j'allais dans les ateliers de peinture exposer ma nudité, sans intelligence de ce que je faisais. Je ne m'inquiétais de rien, je me laissais vivre de la vie cynique que m'avait faite cette femme.

Oh ! fit-elle avec effusion, laissons ces premières années de mon existence où le vice et ses souillures m'ont engloutie à mon insu. Arrivons au moment où la femme qui m'élevait mourut ivre d'eau-de-vie, insultant à la vertu dans ses derniers moments d'agonie, proférant des paroles qui faisaient trembler ses misérables compagnons de débauches.

Faible et sans appui, j'allais changer de maître et devenir la propriété d'un des amis de cette femme, lorsque le hasard... ou plutôt le bonheur, la Providence, Dieu enfin! eut pitié de moi. Il voyait que j'avais assez souffert de la débauche qui m'était imposée. Adrien fut mon appui; je le rencontrai à l'atelier, je pleurai, il eut pitié de moi. Un jour il me fit sortir une heure plus tôt que de coutume; l'homme sous la domination duquel je me trouvais n'était pas dans la rue, j'allai me cacher chez Adrien.

. . . .

Depuis un an, je m'efforce de lui

prouver ma reconnaissance. J'avais obtenu de lui qu'il ne me ferait poser que dans son atelier et que pour lui.

Un peu plus tard, un de ses amis montait un café chantant, je fus engagée à de faibles appointements d'abord, pour aller ensuite en augmentant jusqu'à ce jour.

Ce n'est pas sans émotion, moi ordinairement si indifférente, que je t'avais entendu parler des beautés de la nature, mais je croyais que tu exagérais... Aussi, quelle ne fut pas ma surprise, quelques jours après mon arrivée dans ce pays, en voyant que tu étais resté bien au-dessous de la vérité !

Malgré moi, je me pris à réfléchir; mon bonheur était de passer des heures entières en contemplation devant ces beautés sublimes.

Tiens, regarde cette fleur, me dit-elle en la cueillant après un charmant arbuste qui ressemble au lilas et que l'on nomme troëne; admire, mon ami, ces feuilles lisses, étroites, unies, épaisses et vertes depuis mon arrivée ici. Respire ce précieux parfum, regarde tous ces détails, tout ce fini qui existe dans la nature. C'est prosternée devant cette suave petite fleur que j'ai pu analyser le secret de ma vie. Alors il me prenait des envies de pleurer que je ne pouvais retenir ; je m'agenouillai, je priai Dieu, je pleurai tout à la fois. Pour la première fois, mon ami, je sentis que j'avais une âme comme ceux qui m'entouraient. Je me demandai si je réussirais un jour à la laver des souillures que l'on y a faites.

Sais-tu, un soir, en vous attendant, j'entrai dans une pauvre chaumière où la misère se montrait cruellement. J'avais quelques pièces de monnaie, je les donnai toutes ; je regrettai de n'en avoir pas davantage. Ces bonnes gens m'appelèrent leur *bon ange*. Je tressaillis malgré moi : je sentais trop que jamais créature n'avait été plus indigne de ce doux nom. Depuis ce jour, je retourne dans cette chaumière, et je n'en reviens jamais sans en rapporter une bénédiction. Crois-tu, mon ami, que Dieu ne s'offense pas en voyant faire du bien par une de ses plus indignes créatures?

J'aime Adrien, c'est mon bienfaiteur, mon protecteur, mon ami le plus dévoué... Mais crois-tu que je ne me suis pas aperçue du mépris que je lui inspire? Je le comprends et je ne puis lui en vouloir. Aussi je souffre près de lui autant que je souffrirais si j'en étais éloignée.... mais au loin ce serait sans remords. Mon amour pour lui est sincère, mais est-il moral? Oh! mon ami, tu m'as promis de m'aider de tes conseils. Dis-moi, je t'en supplie, si je dois rester longtemps dans de pareilles angoisses?

Nous n'étions plus qu'à quelques pas de notre maisonnette. J'étais aussi ému que Lucie, et pourtant il fallait rentrer : Adrien eût été justement inquiet de ne nous voir revenir ni l'un ni l'autre.

Lucie essuya ses belles larmes et me supplia de ne rien dire à son amant.

Le lendemain matin, Adrien me dit :

— Décidément, ou Lucie ne m'aime plus, ou la campagne lui fait horreur. La vie à deux, quand on ne s'aime pas, est absurde; engage-la donc à retourner à Paris.

Je fus d'autant plus heureux de la brusque sortie de mon ami Adrien, que je la croyais nécessaire au bonheur de Lucie.

CONCLUSION.

CONCLUSION.

Il y avait deux mois que Lucie nous avait quittés. Une seule lettre d'elle nous avait appris qu'elle jouissait d'une santé parfaite, et que son amour pour Adrien vivait toujours malgré l'absence. Nous avions occupé ces deux mois à travailler sérieusement, aussi rentrions-nous à Paris le cœur heureux et confiant dans l'avenir.

Je n'avais pu, malgré la promesse que j'en avais faite à Lucie, conserver longtemps le secret qu'elle m'avait confié. Adrien connut bien vite, après le départ de Lucie, ce qui l'avait attristée. En rentrant à Paris, sa première visite fut pour elle.

Hélas! la femme honnête, à Paris, qui vit de son travail, est bien près de l'indigence; aussi Adrien, en entrant chez son ancienne maîtresse, ne put s'empêcher de remarquer l'usure des meubles, le froid de l'appartement. Mais en apercevant Lucie, il oublia tout pour se précipiter dans ses bras.

— Lucie, Lucie, pardon, disait-il, je t'ai méconnue ; cette chambre est l'accusateur de ta sagesse..

— Oh ! ne crois pas que je sois pauvre, dit Lucie ; seulement je me trouve heureuse sans luxe. Je fais quelques économies pour empêcher ma vieillesse de tendre la main... et... et, ajouta-t-elle avec mystère... je n'oublie pas mes braves gens de la chaumière de Saint-Yore, qui m'ont appelée leur ***bon ange*** ;

j'ai reçu de leurs nouvelles et je leur envoie des étoffes pour se vêtir et un peu d'argent pour acheter du pain.

— Tu es un ange, Lucie. Oh! oui, ils avaient bien raison de t'appeler leur *bon ange*...

— Mon ami, ajouta-t-elle toute joyeuse un instant après, le directeur du café chantant m'a augmentée, j'ai 200 fr. par mois; tu vois que tu m'as porté bonheur...

Mais Adrien, les larmes dans les yeux, l'embrassait et la pressait sur son cœur sans l'entendre.

— Lucie, Lucie, dit-il, tu ne m'aimes plus!

— Ah! mon Adrien, tu es le premier homme qui soit entré dans cette chambre depuis que je t'ai quitté... J'ai bien pleuré... mais que veux-tu? je souffrais trop...

. . . .

Un mois après, je rentrai chez moi... Depuis huit jours, je cherchais Adrien sans pouvoir le rencontrer... je trouvai ce petit billet :

« Mon bon ami,

» Réjouis-toi; mardi prochain, j'épouse mon *bon ange*; tu comprends tout le bonheur que j'éprouve en t'apprenant cette bonne nouvelle. Je compte sur toi comme témoin.

» A toi d'amitié.

» ADRIEN. »

BIBLIOTHÈQUE IMPÉRIALE IMPR.

Clermont, typ. Hubler, Bayle et Dubos.

INONDATION
12 JANVIER 2014

LA SAISON DE VICHY,

JOURNAL

ARTISTIQUE, LITTÉRAIRE ET SCIENTIFIQUE.

Correspondance avec les principales villes de bains de France et de l'Etranger. — Liste des Etrangers.

Rédacteur en chef : **EMILE BADOCHE.**

Un an, 12 fr.; la saison d'été, 8 fr.

www.ingramcontent.com/pod-product-compliance
Ingram Content Group UK Ltd.
Pitfield, Milton Keynes, MK11 3LW, UK
UKHW021148220726
13924UKWH00003B/1064

9 782019 908799